Naveen Sharma

Aspeto biotecnológico - Urina de vaca

Naveen Sharma

Aspeto biotecnológico - Urina de vaca

ScienciaScripts

Imprint

Cover image: www.ingimage.com

This book is a translation from the original published under ISBN 978-620-2-31235-6.

Publisher:
Sciencia Scripts
is a trademark of
Dodo Books Indian Ocean Ltd. and OmniScriptum S.R.L publishing group

120 High Road, East Finchley, London, N2 9ED, United Kingdom
Str. Armeneasca 28/1, office 1, Chisinau MD-2012, Republic of Moldova, Europe
Printed at: see last page
ISBN: 978-620-7-94245-9

Este livro é dedicado aos meus pais pelo seu amor e apoio

.

Sobre este livro

A força motriz por detrás do livro é familiarizar as pessoas comuns com a biotecnologia, a técnica e as suas aplicações, bem como os efeitos medicinais da urina de vaca, para que possam fazer uso dela.

Reconhecimento

Sinto-me muito obrigado a agradecer aos meus pais, aos meus irmãos, aos meus amigos e à minha querida esposa pelo seu grande amor e apoio na realização do meu livro.

Gostaria de agradecer a Rajiv Rai, MSc M.tech Biotechnology, e a Richa Sharma, MSc Microbiology, pelo seu apoio durante a investigação e a recolha de amostras, bem como aos estudantes que desempenharam um papel importante durante a investigação.

Gostaria de agradecer a Stefana Guberschi, a minha editora na scholar press, pela sua paciência e apoio

Gostaria de agradecer à minha editora Scholar's Press pela publicação deste livro. É-me impossível exprimir adequadamente a minha gratidão a todos os membros da Scholar's Press que contribuíram direta ou indiretamente para este trabalho.

Apesar de todos os esforços, podem ter surgido aqui e ali erros de impressão e omissões. A autora agradece que lhe sejam comunicados, e todas as sugestões genuínas e autênticas que sirvam para melhorar o livro são também muito bem-vindas.

Uma introdução

Introdução Uma das áreas mais recentes, mas também mais controversas, da ciência atual é a biotecnologia. A biotecnologia teve início na década de 1970 com o desenvolvimento da engenharia genética, que permitiu aos cientistas modificar o material genético das células vivas. A engenharia genética é a manipulação de moléculas de ADN para criar plantas, animais ou outros organismos modificados. O ADN é a parte de uma célula que controla a informação genética de um animal ou planta. O ADN é uma molécula de cadeia dupla que está presente em todas as células de um organismo. A informação genética está contida em unidades individuais ou secções de ADN, os genes.

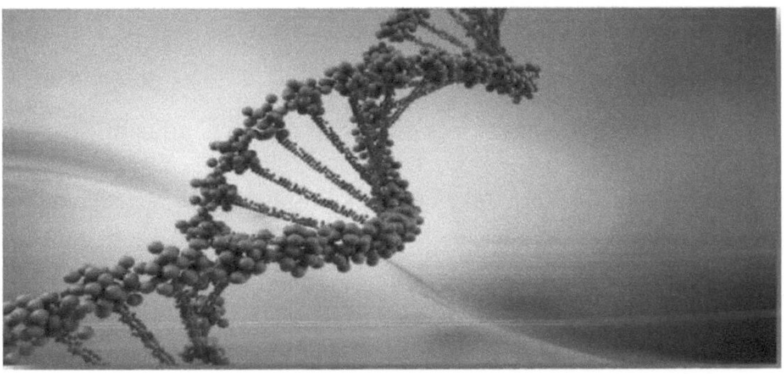

Fig.: - Estrutura do ADN de cadeia dupla

Os genes que são transmitidos de pais para filhos determinam as características que os **filhos** terão. Atualmente, os cientistas são capazes de isolar o gene ou genes para as **características** desejadas num animal ou planta e transferi-los para outro. A transferência de um gene de um organismo para outro é conhecida como **tecnologia do ADN recombinante**. Esta tecnologia está a avançar muito rapidamente.

Porquê?

Há pessoas que se perguntam por que razão o mundo precisa da biotecnologia. Países como o Canadá têm um excedente de alimentos de alta qualidade. Há muitos países no mundo que não dispõem de alimentos suficientes. Um dos maiores desafios do futuro será satisfazer a crescente procura de alimentos à medida que a população mundial cresce. Há muitos anos que os agricultores têm vindo a melhorar as suas colheitas através do desenvolvimento de novas técnicas. Atualmente, procuram-se formas de acelerar este processo e desenvolver novas plantas que ofereçam vantagens significativas em relação às variedades actuais. O objetivo dos cientistas é melhorar o rendimento das culturas e reduzir os danos ambientais causados pela utilização excessiva de produtos químicos. Os cientistas utilizaram a biotecnologia para desenvolver estas novas culturas. Muitas destas plantas são capazes de se proteger contra vírus e insectos que as danificam.

Motivos de preocupação Nem toda a gente vê os alimentos geneticamente modificados como uma evolução positiva. Várias organizações expressaram preocupações em muitos domínios. Algumas destas preocupações são enumeradas abaixo, seguidas de contra-argumentos:

- Algumas pessoas receiam que a modificação genética dos alimentos possa alterar o seu valor nutricional, reduzindo o teor de vitaminas ou de outros nutrientes.

- Outros sublinham que vários projectos de engenharia genética visam melhorar, e não reduzir, as propriedades saudáveis dos alimentos.

- Existe alguma preocupação quanto ao facto de o processo de inserção de genes não ser preciso. Os cientistas não podem dizer exatamente para onde vão ou quantos vão atingir o seu alvo.

- Os defensores da engenharia genética sublinham que esta é mais precisa do que os métodos de cruzamento convencionais e comporta um menor risco de transmissão de características indesejáveis.

- Alguns receiam que um gene estrangeiro numa nova cultura não se comporte da mesma forma que na espécie original. Poderá interagir com genes do ambiente ou com o novo ambiente e produzir características indesejáveis.

- Outros salientam que os criadores tradicionais de plantas utilizam as melhores práticas para eliminar as plantas com características adversas antes da sua utilização comercial e que os criadores de plantas transgénicas podem fazer o mesmo.

-

- Foram levantadas preocupações sobre os efeitos dos alimentos geneticamente modificados em determinados grupos populacionais, tais como bebés ou pessoas com outras condições ou doenças. Os testes são efectuados em adultos saudáveis, pelo que os efeitos que podem ser observados noutros grupos populacionais podem não ser tidos em conta.

- Esta situação não se aplica apenas aos alimentos geneticamente modificados. Seria muito difícil testar cada novo produto em cada grupo específico da população antes de o colocar no mercado.

Meios microbiológicos

As bactérias crescem praticamente em qualquer fonte de alimento orgânico que forneça compostos de carbono para a produção de energia e compostos de azoto para incorporação em proteínas para o crescimento.

Estas substâncias são normalmente oferecidas dissolvidas em água. No entanto, na natureza, as bactérias podem decompor substâncias sólidas e insolúveis, libertando enzimas no substrato em que crescem. Desta forma, estas substâncias são decompostas ou digeridas em substâncias mais simples e o

Este processo é designado por digestão extracelular porque tem lugar fora das células bacterianas. Os dois meios normalmente utilizados em bacteriologia são um caldo nutritivo líquido, transparente e semelhante a uma sopa, que é normalmente colocado em tubos, e o ágar nutritivo, que é transformado numa geleia através da adição de um extrato de alga chamado ágar e, depois de derretido, é vertido em **placas** de **Petri** de vidro ou plástico **- também conhecidas como "placas".**

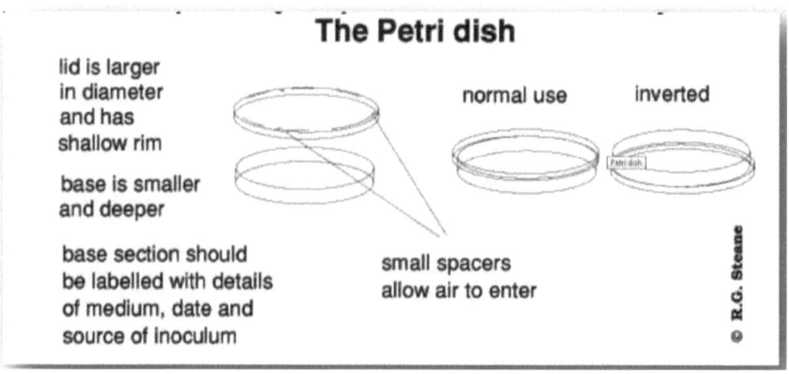

Fig.: Tipos de placas de Petri utilizadas para cultura

Por vezes, são misturadas substâncias nos meios para suprimir o crescimento de outros tipos de bactérias. Existem muitos meios selectivos deste tipo. Uma **fonte de carbono padrão** é a **glucose**, **o azoto** é frequentemente fornecido por **peptonas** (**proteínas** parcialmente digeridas) ou **sais inorgânicos**, podendo também ser adicionados minerais e vitaminas, dependendo das necessidades de crescimento das bactérias. Podem ser utilizadas combinações de produtos químicos (tampões) para manter o pH estável. Os concentrados são adicionados à água em quantidades medidas e dissolvidos para reconstituir o meio.

Técnicas microbiológicas

Esterilização, técnicas asssépticas, inoculação, incubação.

Estes meios devem então **ser esterilizados** por aquecimento num autoclave (como uma panela de pressão) a 121°C (pressão de 1 bar ou 15 lb/pol²) durante 15 minutos, o que mata todos os organismos vivos, incluindo os esporos.

Todos os dispositivos utilizados após este período devem ser esterilizados por calor (material de vidro - 160 °C durante 2 horas) ou por irradiação.

Para reduzir a probabilidade de contaminação bacteriana, devem ser utilizadas **técnicas asssépticas**. Estas incluem, normalmente, a **desinfeção** das áreas de trabalho, a minimização do acesso potencial de bactérias transportadas pelo ar aos meios expostos e a utilização de **chamas** para matar as bactérias que possam entrar quando os recipientes são abertos. As bactérias podem ser introduzidas (**inoculadas**) nos meios de várias formas. Geralmente, as bactérias são distribuídas na superfície de um ágar (já preparado), por exemplo, a partir de uma gota numa ansa esterilizada pelo calor. Uma técnica semelhante é utilizada para culturas em caldo.

Por vezes, as bactérias são colocadas na placa de Petri com uma pipeta esterilizada antes de o meio de ágar (bastante frio) ser vertido sobre elas ("pour plates"). Em seguida, as placas de Petri com ágar ou os tubos com caldo são **incubados**, ou seja, num dispositivo especial a uma determinada temperatura (normalmente 37 °C - temperatura do corpo humano para possíveis agentes patogénicos - ou 25 °C para bactérias do ambiente).

Fig.: Técnica de placa de derramamento para cultura microbiana

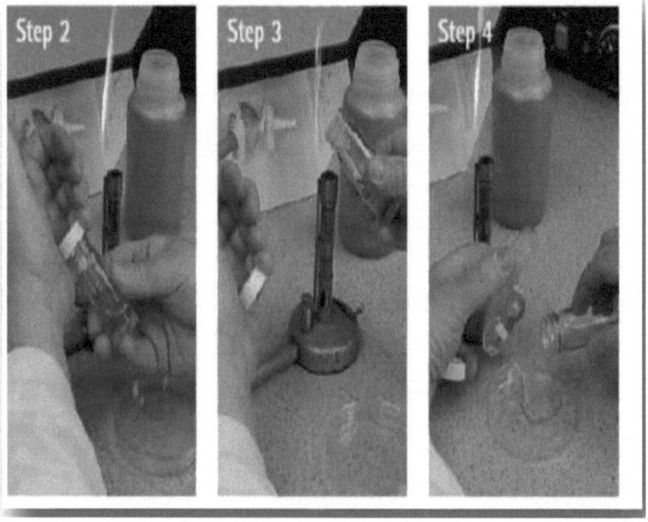

Nas escolas, são utilizadas temperaturas de incubação mais baixas para evitar o crescimento de potenciais agentes patogénicos. Quando se cultivam bactérias, é prática comum inverter as placas de Petri para evitar que gotículas de condensação caiam na superfície do ágar. As placas de Petri são frequentemente "seladas" nesta fase para evitar que as pessoas que as manuseiam sejam contaminadas por bactérias que estão a proliferar.

Verter o ágar fundido e incubar

1. *Retirar do banho-maria (45 °C) um frasco de ágar derretido esterilizado (contendo 15 ml de ágar para contagem de placas derretido ou outro meio de cultura padrão).*

Verter o meio de ágar fundido

2. *Segurar o frasco com a mão direita; retirar a tampa com o dedo mindinho da mão esquerda.*

3. *Queimar o gargalo da garrafa.*
4. *Levantar ligeiramente a tampa da placa de Petri com a mão esquerda, deitar o ágar fundido estéril na placa de Petri e voltar a colocar a tampa.*
5. *Enfarinhar o gargalo da garrafa e voltar a colocar a tampa.*
6. *Rodar suavemente a placa para misturar bem a cultura e o meio e para assegurar que o meio cobre a placa uniformemente. Não permitir que o ágar deslize sobre o bordo da placa de Petri.*
7. *Deixar o ágar gelificar completamente sem o perturbar, o que demora cerca de 10 minutos.*
8. *Fechar a placa e incubá-la durante 24-48 horas numa posição invertida a 37°C.*

Fig.: Técnica de placa de derramamento para cultura microbiana

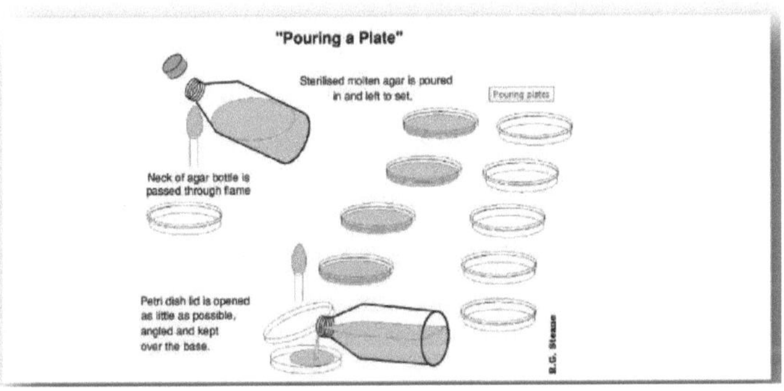

É prática comum utilizar 2 tiras de fita adesiva do fundo até à tampa em vez de tentar selar o bordo redondo da placa de Petri. O objetivo é evitar o crescimento de organismos anaeróbios devido à falta de ar. No entanto, é importante lembrar que cada gota de uma placa de Petri parcialmente selada é uma fonte potencial de infeção.

Fig.: Acondicionamento das placas de Petri durante a incubação

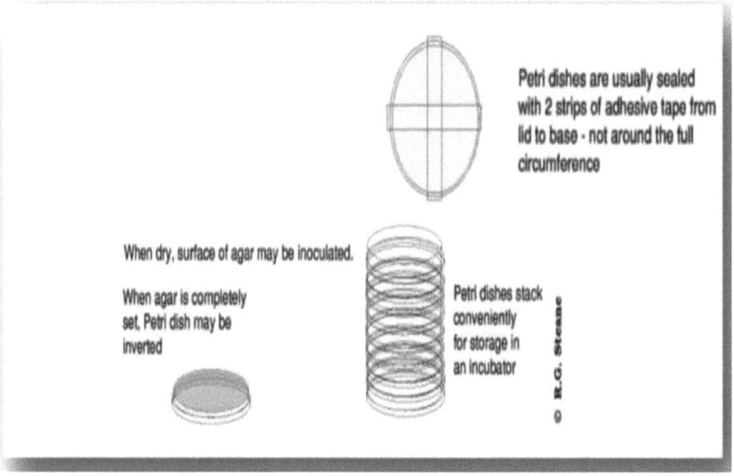

Os meios líquidos, como os caldos, tornam-se **turvos** quando há bactérias presentes. Isto pode dever-se ao facto de apenas uma célula bacteriana ter entrado originalmente no meio e depois ter-se dividido repetidamente para produzir milhões. As bactérias nas "placas" de ágar tornam-se visíveis como **colónias** circulares distintas; cada colónia deve representar uma única célula bacteriana (ou grupo) que se dividiu repetidamente, mas como está armazenada num local, as células resultantes acumularam-se numa mancha visível.1 Ao alargar este método com **diluições** em **série** em líquidos esterilizados, pode calcular-se o número de bactérias numa determinada quantidade de uma amostra, como um produto alimentar.

Após a utilização, as culturas bacterianas, etc., devem ser esterilizadas pelo calor antes de serem eliminadas.

Fig.: - Técnica de diluição em série para cultura microbiana

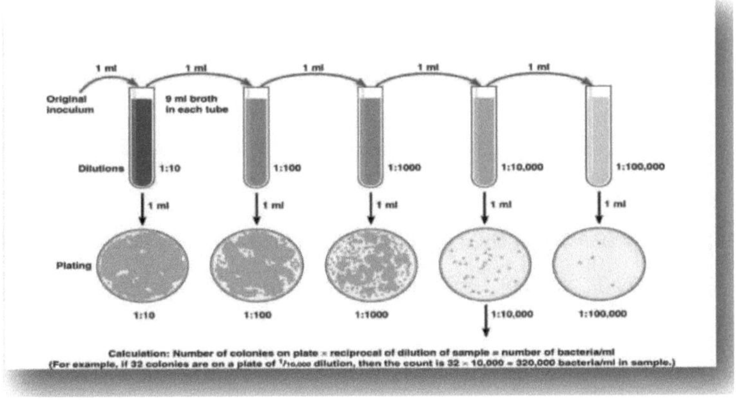

Fig.: - Crescimento bacteriano em cultura microbiana

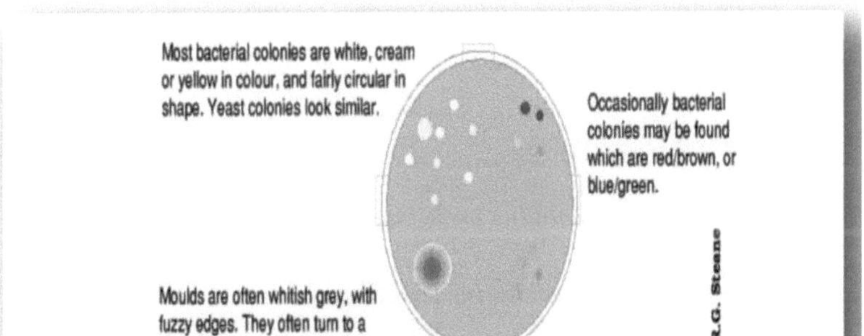

Método da placa de estrias: princípio, objetivo, procedimento e resultados

Princípio

A amostra/inóculo é diluída espalhando-a sobre a superfície da placa de ágar. Ao ser espalhado em áreas sucessivas da placa, o inóculo é diluído de tal forma que apenas uma célula bacteriana está presente na superfície da placa de ágar a cada poucos milímetros. Quando estas células bacterianas individuais se dividem e dão origem a milhares e milhares de novas células bacterianas, forma-se uma colónia isolada. As culturas puras podem ser obtidas retirando as colónias bem isoladas e espalhando-as novamente em placas de ágar frescas.

*Parte-se geralmente do princípio de que **uma colónia bacteriana isolada é a descendência de uma única célula bacteriana** (ou seja, a colónia é o clone). No entanto, tal não é necessariamente o caso.*
Nas espécies em que as células formam um agrupamento caraterístico durante a divisão celular, a unidade formadora de colónias pode desenvolver-se a partir de um grupo de células e não de uma única célula. Por exemplo, grupos de estafilococos, cadeias de estreptococos, etc.

Conselhos para obter os melhores resultados:

- Utilizar apenas uma pequena quantidade de inóculo
- Escovar ligeiramente para não riscar o ágar.
- Lance o laço depois de ter tocado em cada quadrante.
- Certifique-se de que a superfície do painel está livre de gotas de

humidade condensada.

Objetivo da faixa

- Geração de colónias isoladas de um organismo (normalmente bactérias) numa placa de ágar. Este método é útil quando é necessário separar organismos numa cultura mista (para purificar/isolar uma estirpe específica de contaminantes) ou quando é necessário analisar a morfologia da colónia de um organismo.
- Para identificar o organismo: Os testes bioquímicos para identificar bactérias só são válidos se forem efectuados em culturas puras.

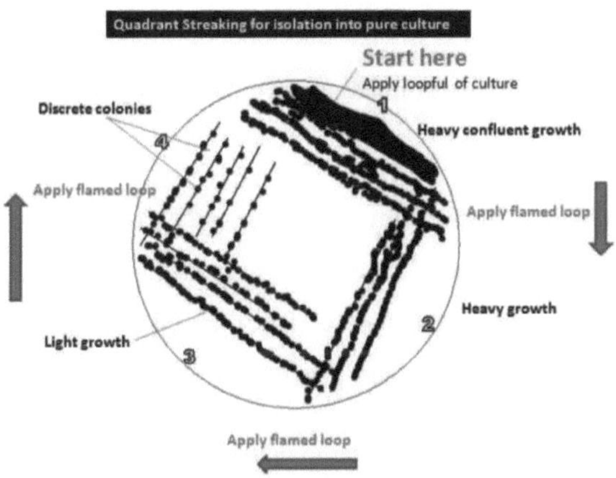

Resultados

Incubar as placas com as estrias a **37 °C** durante 24 horas. Examinar cuidadosamente as colónias que cresceram na placa. Todas as colónias devem ter o mesmo aspeto geral. Se houver mais do que um tipo de colónia, cada tipo deve ser semeado novamente numa placa separada para obter uma cultura pura.

Tecnologia do ADN recombinante (engenharia genética):
A engenharia genética trata da síntese de genes artificiais, da reparação de genes, da combinação de ADN de dois organismos (ADN recombinante) e da manipulação do gene artificial juntamente com o ADN recombinante para melhorar micróbios, plantas, animais e seres humanos.

A engenharia genética ou tecnologia do ADN recombinante envolve o corte e a inserção de fragmentos de ADN desejados. Baseia-se em duas importantes descobertas efectuadas em bactérias:

(i) Presença de plasmídeos nas bactérias que podem ser replicados juntamente com o ADN cromossómico e independentemente deste

(ii) Endonucleases de restrição que podem clivar o ADN em sítios específicos. São, por isso, também conhecidas como tesouras moleculares.

A ciência da tecnologia recombinante começou quando Cohen e Boyer (1973) conseguiram inserir um pedaço de gene com ADN estranho num plasmídeo de Escherichia coli. Berg (1979) conseguiu introduzir um gene do SV-40 numa bactéria com a ajuda de fagos lambda. Berg é frequentemente referido como o "pai da engenharia genética".

Ferramentas básicas da engenharia genética:
Na síntese do ADN recombinante são utilizados três tipos de ferramentas biológicas. Estes são os seguintes:
1. **Enzimas:**
Estas incluem enzimas de lise (por exemplo, lisozima), enzimas de clivagem (por exemplo, exonucleases, endonucleases, endonucleases de restrição), enzimas de síntese (por exemplo, transcriptases reversas), enzimas de ligação (por exemplo, ligases) e fosfatases alcalinas.

2. **ADN do vetor ou do veículo:**

O ADN que serve de portador para a transferência de um fragmento de ADN estranho para um hospedeiro adequado é designado por ADN veículo ou vetor de clonagem ou portador de genes (por exemplo, plasmídeos, ADN de bacteriófagos, cosmídeo - um plasmídeo artificial, fagóide/fasmídeo, vectores de cromossomas artificiais).

3. **ADN dos passageiros:**

É o ADN que é transferido de um organismo para outro através da sua combinação com o ADN transportador (por exemplo, ADN complementar - cDNA, ADN sintético - sDNA, ADN aleatório).

(a) **ADN complementar:**

O gene desejado é produzido a partir do ARNm por transcrição reversa e o produto é o ADN complementar (ADNc).

(b) **ADN sintético:**

O gene desejado é sintetizado utilizando uma máquina controlada por computador, conhecida como sintetizador de ADN ou máquina de genes de ADN. Esta máquina pode sintetizar genes com um comprimento superior a 1000 nucleótidos de acordo com uma sequência pré-determinada. Se o número de genes desejados não for suficiente para a clonagem, o gene é amplificado através da reação em cadeia da polimerase.

(c) **ADN aleatório:**

O gene desejado é isolado a partir de todo o ADN genómico de um organismo. Para isolar um gene, o ADN genómico é cortado numa série de pedaços utilizando uma endonuclease de restrição. Os pedaços de ADN são separados por comprimento através de eletroforese e podem ser posteriormente utilizados para clonagem. Os cromossomas artificiais ou sintéticos de bactérias e leveduras, os chamados BACs ou YACs, são mais eficientes para a transferência de genes eucarióticos (Fig. 1.2).

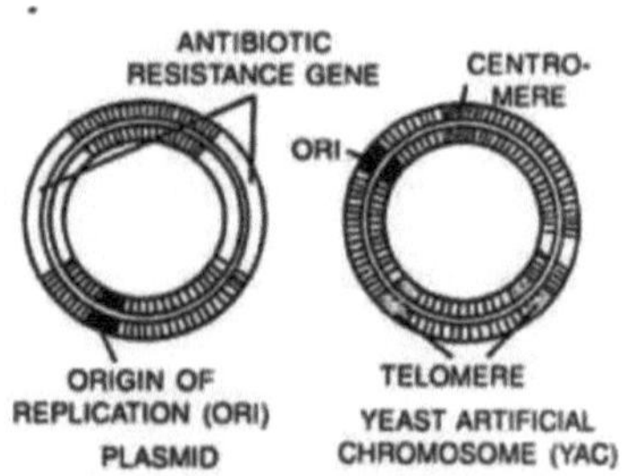

Fig. 1.2 Plasmídeo e cromossoma artificial de levedura.

Tecnologia de ADN recombinante:

Compreende as seguintes fases (Fig. 1.3):

1. **Isolamento do segmento de ADN:**

O ADN a utilizar como veículo ou passageiro é removido da célula por lise com uma enzima adequada. O ADN é isolado de outros conteúdos celulares. Em seguida, tanto o veículo como o passageiro são clivados com a mesma endonuclease de restrição, de modo a obterem extremidades adesivas complementares.

2. Formação de ADN recombinante:

As extremidades adesivas complementares emparelham-se e as suas extremidades são seladas com ligase. Isto cria um ADN recombinante (ou quimera).

3. Produção de múltiplas cópias de ADN recombinante:

O passo seguinte no processo é a produção de múltiplas cópias de ADN recombinante.

4. Introdução de ADN recombinante no hospedeiro:

A E. coli, o Bacillus subtilize e a levedura são utilizados como hospedeiros do ADN recombinante. As bactérias utilizadas como hospedeiras não devem conter plasmídeos. São utilizados três métodos para introduzir o ADN recombinante no hospedeiro.

(a) Conversão:

Este é o processo pelo qual uma célula absorve um segmento de ADN nu do ambiente e o integra no seu próprio ADN cromossómico.

(b) Transdução:

Envolve a transferência de ADN de um organismo para outro através de um bacteriófago.

(c) Transferência de genes sem vectores:

A transferência de genes pode ser efectuada por certos meios que não utilizam vectores. Pode ser efectuada utilizando agulhas de microinjecção e pistolas de genes.

5. Rastreio das células transformadas (ou seja, seleção de clones com ADN recombinante):

O passo seguinte consiste em determinar quais as células que contêm a molécula de ADN recombinante com o gene desejado. Os clones desejados podem ser seleccionados com base na presença do vetor ou do próprio gene inserido. Por exemplo, alguns vectores de plasmídeos conferem resistência a um antibiótico.

Outra abordagem consiste em determinar quais as células que ligam o ARN complementar ao gene em causa ou que sintetizam a proteína que este codifica. Os clones que contêm ADN recombinante são estáveis durante, pelo menos, várias centenas de gerações.

Gene repórter para monitorização genética:

Um dos problemas técnicos das experiências de transferência de genes é a questão de saber se um determinado gene foi efetivamente introduzido numa nova célula hospedeira e, caso tenha sido transferido, se controla a síntese proteica.

Para ultrapassar este problema, foram desenvolvidos genes repórteres que podem ser transferidos para a célula vegetal com a ajuda de uma agrobacterium. Para a monitorização dos genes, o gene repórter deve estar ligado a um promotor. Os três genes repórter atualmente utilizados são o GUS, o gene da ʙ-glucuronidase de Escherichia coli, o gene da luciferase, obtido de pirilampos (Photinus pyralis) ou da bactéria marinha Vibrio harveyi, e o gene de uma proteína verde fluorescente da medusa.

As várias etapas de uma transferência de genes são apresentadas na Figura 1.3:

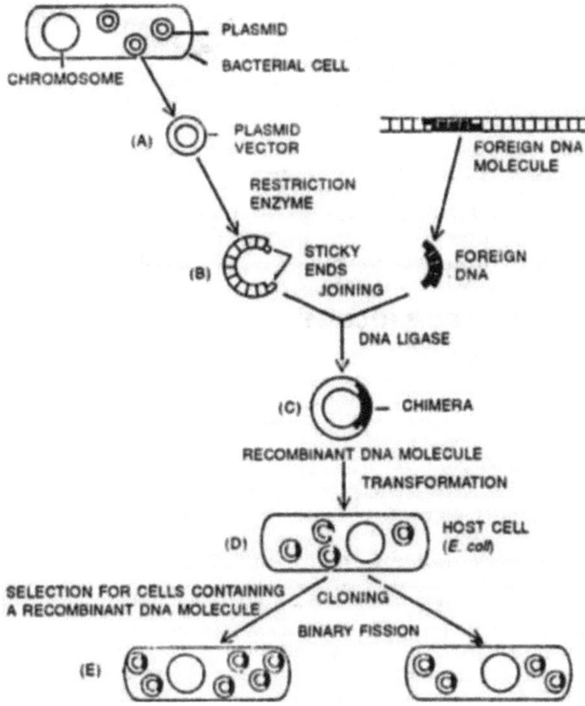

Fig. 1.3 O processo de engenharia genética (A) Os plasmídeos são isolados de bactérias e tratados com enzimas de restrição para abrir a molécula de DNA, criando extremidades pegajosas semelhantes a moriis (B) |C) Um segmento de DNA estranho é então introduzido e o piasma é fechado usando DNA ligase (0) A quimera é então introduzida em bactérias Tresh, que então se multiplicam como de costume e reproduzem o plasmídeo emendado (E)

Aplicações da biotecnologia na medicina

A biotecnologia é um domínio muito vasto e as suas aplicações são utilizadas numa variedade de domínios científicos, como a agricultura e a medicina. O campo da biotecnologia, a engenharia genética, introduziu técnicas como a terapia genética, **a tecnologia do ADN** recombinante **e a reação em cadeia da polimerase**, em que os genes e as moléculas de ADN são utilizados para diagnosticar doenças e introduzir novos e poderosos genes no corpo para restaurar células danificadas. Existem algumas aplicações da biotecnologia que provaram ser bem sucedidas na medicina e que fornecem bons resultados:

Produtos biofarmacêuticos

Com a ajuda da biotecnologia, os medicamentos biofarmacêuticos foram urbanizados. Não há químicos envolvidos na combinação destes medicamentos, mas os microrganismos provavelmente completaram-na para os expandir.

As grandes moléculas de proteínas são normalmente a fonte dos produtos biofarmacêuticos. Quando são atacadas no organismo, atacam os mecanismos ocultos da doença e tornam-nas inofensivas. Os cientistas estão atualmente a desenvolver esses medicamentos biofarmacêuticos que podem ser utilizados contra doenças como a hepatite, o cancro e as doenças cardíacas.

Terapia genética

A terapia genética é outra técnica biotecnológica utilizada para tratar e diagnosticar doenças como o cancro e a doença de Parkinson. Esta técnica envolve a seleção dos genes adequados no corpo para erradicar as células danificadas ou substituí-las. Em alguns casos, os genes adaptados fazem correcções à informação genética para que os genes funcionem a favor do organismo.

Farmacogenómica

A farmacogenómica é outro método genético utilizado para descobrir a informação genética de uma personalidade. Analisa a reação do organismo a determinados medicamentos. É uma mistura de farmácia e genómica. O objetivo deste campo é desenvolver medicamentos que sejam utilizados de acordo com a informação genética do indivíduo.

Testes genéticos

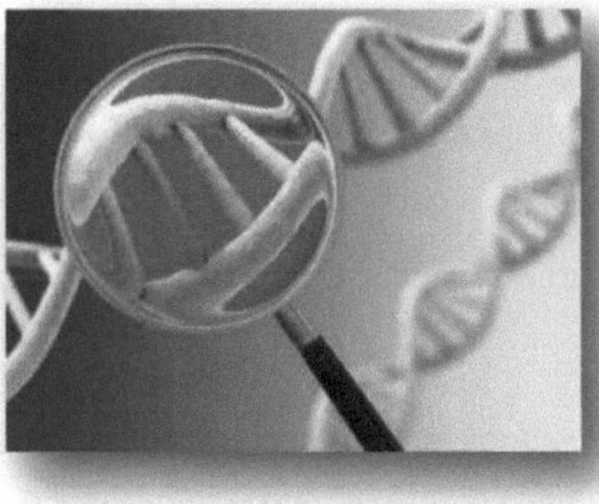

O teste genético é uma técnica de hereditariedade utilizada para detetar doenças genéticas nos pais e para determinar o sexo e os portadores. A técnica de teste genético envolve a utilização de sondas de ADN cuja sequência corresponde à sequência mutada. Esta técnica é também utilizada para identificar delinquentes e para verificar a filiação de uma criança.

Aplicações da biotecnologia na agricultura

A biotecnologia é frequentemente equiparada à investigação biomédica, mas há uma série de outras indústrias que utilizam métodos biotecnológicos para estudar, clonar e modificar genes. Estamos familiarizados com a ideia de enzimas na nossa vida quotidiana e muitas pessoas estão familiarizadas com a controvérsia em torno da utilização de OGM nos nossos alimentos. A indústria agrícola está no centro deste debate, mas desde os tempos de George Washington Carver, a biotecnologia agrícola produziu inúmeros novos produtos que podem mudar as nossas vidas para melhor.

Vacinas

Há muito que as vacinas orais estão a ser preparadas como uma solução potencial para o aumento das doenças nos países imaturos, onde o custo de uma imunização extensiva é demasiado elevado. As plantas manipuladas hereditariamente, frequentemente frutos ou legumes, são concebidas para transportar proteínas antigénicas de agentes patogénicos transmissíveis que desencadeiam uma resposta imunitária quando injectadas.

Um exemplo disto é uma vacina específica para o tratamento do cancro. Utilizando plantas de tabaco com ARN de células B malignas clonadas, foi produzida uma vacina contra o linfoma. A proteína resultante é então utilizada para imunizar o doente e reforçar o seu sistema imunitário contra o cancro. As vacinas personalizadas para o tratamento do cancro mostraram-se muito promissoras nos primeiros estudos.

Antibióticos

As plantas são utilizadas para produzir antibióticos para humanos e animais. Uma proteína antibiótica explícita na alimentação do gado, que é dada diretamente aos animais, é mais barata do que a produção convencional de antibióticos, mas esta prática levanta muitas questões bioéticas, uma vez que o resultado é a utilização generalizada, possivelmente desnecessária, de antibióticos que podem incentivar a propagação de estirpes de bactérias resistentes aos antibióticos.

As vantagens da utilização de plantas para produzir antibióticos para os seres humanos são a redução dos custos devido à maior quantidade de produto que pode ser produzido a partir de plantas em comparação com uma unidade de fermentação, a facilidade de purificação e a redução do risco de contaminação em comparação com a utilização de células de mamíferos e meios de cultura.

Flores

A biotecnologia agrícola não se limita a combater as doenças ou a melhorar a qualidade dos alimentos. Existem também aplicações simplesmente estéticas. Um exemplo disso é a utilização de técnicas de reconhecimento e transferência de genes para melhorar a cor, o perfume, o tamanho e outras características das flores.

Do mesmo modo, a biotecnologia tem sido utilizada para melhorar outras plantas ornamentais comuns, nomeadamente arbustos e árvores. Algumas destas alterações são semelhantes às efectuadas nas culturas, como a melhoria da tolerância ao frio de uma espécie de planta tropical para que possa ser cultivada em jardins do norte.

Biocombustíveis

A agricultura desempenha um papel importante na indústria dos biocombustíveis, desde que envolva matérias-primas para a fermentação e purificação de bio-óleo, biodiesel e bioetanol. A engenharia genética e a otimização das enzimas são utilizadas para desenvolver matérias-primas de melhor qualidade para uma conversão mais eficiente e valores BTU mais elevados dos produtos combustíveis resultantes. Plantas de alto rendimento e ricas em energia podem minimizar os custos relativos de colheita e transporte (por unidade de energia obtida), resultando em produtos combustíveis de maior qualidade.

Reprodução de plantas e animais

Melhorar o comportamento das plantas e dos animais através de métodos tradicionais como a polinização cruzada, a enxertia e o cruzamento é um processo moroso. Graças aos progressos biotecnológicos, é possível efetuar rapidamente alterações específicas a nível molecular através da sobreexpressão ou da supressão de genes ou da introdução de genes estranhos.

Esta última é possível com a ajuda de mecanismos de controlo da expressão genética, por exemplo, através de promotores de genes específicos e de factores de transcrição. Métodos como a seleção assistida por marcadores melhoram a eficácia da criação animal "orientada" sem a controvérsia normalmente associada aos OGM. Os métodos de clonagem de genes devem também ter em conta as diferenças entre espécies no que respeita ao código genético, à presença ou ausência de intrões e às modificações pós-traducionais, como a metilação.

Plantas resistentes aos pesticidas

Estas plantas, que não devem ser confundidas com a resistência às pragas, são insensíveis aos pesticidas e permitem aos agricultores matar seletivamente as ervas daninhas próximas sem danificar as suas culturas. O exemplo mais conhecido é a tecnologia Roundup Ready desenvolvida pela Monsanto.

Introduzidas pela primeira vez em 1998 como sementes de soja geneticamente modificadas, as plantas Roundup Ready são insensíveis ao herbicida glifsato, que pode ser aplicado em grandes quantidades para destruir todas as outras plantas no campo. A vantagem é a poupança de tempo e de custos associada à lavoura de conservação para reduzir as ervas daninhas ou às aplicações múltiplas de diferentes herbicidas para eliminar seletivamente certas espécies de ervas daninhas. As desvantagens prováveis incluem todos os argumentos controversos contra os OGM.

Suplementação de nutrientes

Num esforço para melhorar a saúde humana, especialmente em países imaturos, os cientistas estão a criar alimentos geneticamente modificados que contêm nutrientes conhecidos por ajudarem a combater doenças ou a fome. Um exemplo disto é o arroz dourado, que contém beta-caroteno, o precursor da produção de vitamina A no nosso corpo. As pessoas que comem este arroz produzem mais vitamina A, um nutriente necessário que falta nas dietas dos pobres nos países asiáticos.

Três genes, dois de narcisos e um de uma bactéria, que podem catalisar quatro reacções bioquímicas, foram clonados no arroz para o tornar "dourado".

O nome deriva da cor do grão transgénico, causada pela sobre-expressão do beta-caroteno, que confere às cenouras a sua cor laranja.

Um confronto de troncos bióticos

Menos de 20 por cento da Terra é terra arável, mas algumas culturas foram geneticamente modificadas para lidar melhor com condições como a salinidade, o frio e a seca. A descoberta de genes em plantas que são responsáveis pela absorção de sódio levou ao desenvolvimento de plantas com um efeito de "knock-out" que podem crescer em ambientes com elevado teor de sal. A regulação para cima ou para baixo dos registos é normalmente o método pelo qual a tolerância das plantas à seca é alterada. As plantas de milho e canola que podem prosperar em condições de deficiência estão no seu quarto ano de ensaios de campo na Califórnia e no Colorado e espera-se que sejam comercializadas dentro de 4-5 anos.

Produção de fibras de saída

A seda de aranha é a fibra mais forte conhecida pelo homem, mais forte do que o Kevlar (que é utilizado para fazer coletes à prova de bala), com uma resistência à tração superior à do aço.

Em agosto de 2000, a empresa canadiana Nexia anunciou que as cabras transgénicas estavam a ser criadas para produzir proteínas de seda de aranha no seu leite. Embora isto resolvesse o problema da produção em massa das proteínas, o projeto foi suspenso quando os cientistas não conseguiram descobrir como transformá-las em fibras como as aranhas.

Até 2005, as cabras serão vendidas a quem as quiser. Embora o design da seda de aranha pareça ter sido suspenso por enquanto, é uma tecnologia que certamente reaparecerá no futuro, assim que houver mais informações sobre como as sedas são tecidas.

Aplicações da biotecnologia na transformação de alimentos

A aplicação da biotecnologia à transformação de alimentos nos países emergentes é, desde há muito, objeto de discussão e reflexão. Os estudos biotecnológicos sobre bioprocessamento nos países emergentes têm como objetivo o crescimento e o desenvolvimento de processos de fermentação convencionais. No entanto, há algumas questões que precisam de ser discutidas nos países emergentes quando se utiliza a tecnologia para várias aplicações.

Factores socioeconómicos e culturais

Os processos tradicionais de fermentação, que são utilizados na maioria dos países em desenvolvimento, são tecnologias adequadas de transformação de alimentos com baixos requisitos de investimento. No entanto, estes processos são muitas vezes descontrolados, anti-higiénicos e ineficientes e, normalmente, resultam em produtos de qualidade variável e com um prazo de validade curto. No entanto, os alimentos fermentados são muito populares nos países em desenvolvimento e contribuem significativamente para a segurança alimentar e a nutrição.

Factores infra-estruturais e logísticos

As condições infra-estruturais necessárias para a produção, distribuição e armazenamento (por exemplo, através de refrigeração) de culturas microbianas ou enzimas numa base contínua estão geralmente disponíveis nas zonas urbanas de muitos países em desenvolvimento. No entanto, tal não é o caso na maioria das zonas rurais dos países em desenvolvimento.

Deverá a investigação ser direccionada para garantir que as pessoas a todos os níveis possam beneficiar da aplicação da biotecnologia nos processos de fermentação alimentar? O que é necessário para melhorar o nível das tecnologias de fermentação e dos controlos de processos para aumentar a competência, os rendimentos, a qualidade e a segurança dos alimentos fermentados em cada vez mais países?

Sobre a urina de vaca; Introdução

A vaca é um dispensário móvel e a urina de vaca é um medicamento eficaz para quase todas as doenças. A urina de vaca, um dos constituintes do "Panchagawya", é capaz de tratar muitas doenças curáveis e incuráveis e tem sido utilizada em preparações ayurvédicas desde tempos imemoriais, tal como citado em textos sagrados antigos como Charaka Samhita, Sushruta Samhita, Vridhabhagabhatt, Atharva Veda, Bhavaprakash, Rajni Ghuntu, Amritasagar, etc. Em vários textos médicos antigos, há inúmeras referências às propriedades curativas da urina de vaca em várias doenças humanas. No antigo sistema de medicina indiano, a urina de vaca era aceite e utilizada quase como um antibiótico de largo espetro, muito semelhante ao do século XXI. A urina de vaca não é usada somente como um agente terapêutico contra doenças, mas também é usada na agricultura e sericultura.

Composição química

- **Azoto (N_2, NH_2):** Elimina as anomalias e as toxinas do sangue, estimulante natural das vias urinárias, ativa os rins e tem um efeito diurético.
- **Enxofre (S):** Ajuda ao movimento do intestino grosso. Purifica o sangue.
- **Amoníaco (NH_3):** Estabiliza a bílis, o muco e o ar no corpo. Estabiliza a formação do sangue.
- **Cobre (Cu):** Combate a acumulação de gorduras indesejadas.
- **Ferro (Fe):** Mantém o equilíbrio e ajuda na produção de glóbulos vermelhos e hemoglobina. Estabiliza a capacidade de trabalho.
- **Ureia CO (NH_2):** Influencia a formação e a excreção da urina.

Germicida.

- **Ácido úrico** (**$CH_4N_4O_3$**)**:** Elimina o inchaço ou a inflamação do coração. É diurético e, por conseguinte, elimina as toxinas.

- **Fosfato (P):** Ajuda a remover pedras no trato urinário.
- **Sódio (Na):** Purifica o sangue. Antiácido.
- **Potássio (K):** cura o reumatismo hereditário. Aumenta o apetite. Elimina a fraqueza muscular e a preguiça.
- **Ácido carbólico (HCOOH):** Germicida, impede o crescimento de germes e a decomposição causada pela gangrena.
- **Cálcio (Ca):** Purificador do sangue, fortalecedor dos ossos, antigermes.
- **Sal (NaCl):** Reduz a acidez do sangue, tem um efeito germicida.

Vitaminas A, B, C, D, E: A vitamina B é um ingrediente ativo para uma vida cheia de energia e protege contra o nervosismo e a sede, fortalece os ossos e a capacidade reprodutiva. **Outros minerais:** Aumentam a imunidade.

- **Lactose** (**$C_6H_{12}O_6$**)**:** Dá satisfação, fortalece o coração, elimina a sede e o nervosismo.
- **Enzimas:** formam sucos digestivos saudáveis, aumentam a imunidade.
- **Água** (**H_2O**)**:** É a fonte de vida. Mantém a fluidez do sangue e a temperatura do corpo.
- **Creatinina** (**$C_4H_gN_2O_2$**)**:** Germicida.
- **Hidróxido de aurum (AuOH):** É germicida e aumenta a imunidade. O AuOH é fortemente antibiótico e antitóxico.

Aspeto técnico da investigação

A ativação da fotografia significa,

São também formados alguns compostos biogénicos voláteis inorgânicos e orgânicos tais como CO_2, NH_3, CH_4, metanol, propanol e acetona, bem como alguns produtos secundários de azoto do metabolismo. A urina de vaca fotoactivada torna-se altamente ácida em comparação com a urina de vaca fresca. Um aumento da atividade bactericida pode ser devido a uma diminuição significativa do pH; a presença de fósforo inorgânico, cloreto e dimetilamina pode também desempenhar um papel importante, bem como o aumento da formação de alguns compostos reactivos como o formaldeído, sulfinol, cetonas e algumas aminas durante a fotoactivação e armazenamento a longo prazo. A urina de vaca impede o desenvolvimento de resistência antibacteriana. Foi purificada utilizando vários métodos para remover todas as substâncias precipitadas e depósitos. A urina de vaca purificada foi armazenada a 4°C para utilização a longo prazo. Antes da avaliação da atividade antimicrobiana, a urina de vaca foi analisada quanto à presença de outros agentes patogénicos, tanto microscopicamente como numa cultura em caldo.

"Efeito da urina de vaca fotoactivada com diferentes combinações de extractos de neem e aloé vera contra vários microrganismos patogénicos".

Resumo: O presente estudo analisa a atividade antibacteriana e antifúngica da urina de vaca fotoactivada em combinação com neem e aloé vera contra microrganismos clinicamente patogénicos e desde tempos antigos que a urina de vaca tem sido utilizada como medicamento. Na Índia, a ingestão de urina de vaca é praticada há milhares de anos. A atividade antibacteriana da urina de vaca fotoactivada foi estudada contra *Escherichia coli* e *Salmonella typhi.* A atividade antibacteriana máxima foi encontrada com *Salmonella typhi* (10,2 mm de diâmetro) em comparação com *Escherichia coli* (7,2 mm de diâmetro). A atividade antifúngica da urina de vaca fotoactivada foi investigada contra *Aspergillus niger* e *Penicillium crysogenum.* Ao comparar os dois organismos fúngicos, foi observada uma supressão máxima do crescimento de *Aspergillus niger* (12,8 mm de diâmetro) em comparação com *Penicillium crysogenum* (10,2 mm de diâmetro). Em conclusão, verificou-se que a urina de vaca fotoactivada com a combinação de diferentes extractos tem actividades antibacterianas e antifúngicas e o efeito inibitório pode ser utilizado no controlo de bactérias e fungos de várias origens.

Nos Vedas, a urina de vaca era comparada ao néctar. Nos substratos são mencionadas várias propriedades medicinais da urina de vaca, que são conhecidas por causar perda de peso, reversão de certos problemas cardíacos e renais, indigestão, dores de estômago, edema, etc. A urina de vaca ocupa um lugar único na

Ayurveda e foi descrita em "SushritaSumhita" e "AshtangaSangraha" como a secreção mais eficaz de origem animal com inúmeros valores terapêuticos. Foi reconhecida como a água da vida ou "Amrita" (bebida da imortalidade), o néctar do deus.

Na Índia, a ingestão de urina de vaca é praticada há milhares de anos. Panchagavya é um termo utilizado na Ayurveda para descrever cinco substâncias importantes obtidas das vacas, nomeadamente a urina, o estrume, o leite, o ghee e a coalhada. Várias receitas mencionadas na Ayurveda descrevem a utilização de componentes de Panchagavya, quer isoladamente, quer em combinação com medicamentos de origem vegetal, animal ou mineral.

O Caraka Samhita faz uma extensa referência ao efeito curativo da urina de vaca em doenças de pele, especialmente a lepra. A urina de vaca fotoactivada foi patenteada como potenciadora da atividade e promotora da disponibilidade de moléculas bioactivas, incluindo agentes anti-infecciosos e anti-cancerígenos (Patente US nº 6410 059/2002). O Chakra Panimishra no Vishvavallabba recomenda o uso de extractos de urina de vaca em insecticidas à base de plantas. A alimentação com urina de vaca aumentou o consumo de ração em galinhas poedeiras com patas brancas. O presente estudo foi realizado para preparar urina de vaca fotoactivada e para determinar as actividades antibacteriana e antifúngica.

Materiais e métodos

Recolha de amostras: A urina de vaca foi recolhida em recipientes esterilizados na exploração de vacas. Para as experiências, a urina fresca de vaca foi fotoactivada em garrafas de vidro seladas durante 144 horas à luz do sol e depois armazenada a 4°C para utilização a longo prazo.

Preparação dos extractos de plantas: 20 g de cada amostra de planta foram triturados e adicionados a 200 ml de água destilada, que foi depois colocada num agitador durante uma noite. Em seguida, filtrou-se com papel de filtro (Whattmann n.º 1). O solvente foi evaporado com um agitador de vácuo rotativo para concentrar a solução. O extrato obtido foi armazenado em frascos.

Subcultura de microrganismos: Os microrganismos *Escherichia coli, Salmonella typhi, Aspergillus niger e Penicillium crysogenum* foram subcultivados a partir de culturas puras em caldo nutriente.

Atividade antibacteriana e antifúngica da urina de vaca fotoactivada: Os estudos da atividade antimicrobiana e antifúngica foram realizados utilizando a técnica de difusão em ágar. Foram preparadas placas de ágar Mueller-Hinton estéreis. Os organismos de teste, tais como *Escherichia coli, Salmonella typhi, Aspergillus niger* e *Penicillium crysogenum*, foram espalhados nas placas de ágar Mueller-Hinton utilizando cotonetes estéreis separados. Depois de espalhados, foram preparados poços com um diâmetro de 6 mm, nos quais foram então colocados 100 µl de urina de vaca activada com a combinação de diferentes extractos de neem e aloé vera. Todas as placas bacterianas foram incubadas durante 24 horas a 37°C, as placas fúngicas durante 72 horas a 24°C. Após a incubação, o diâmetro da zona de inibição mínima foi medido em mm.

Resultados e discussões

Atividade antibacteriana: A atividade antibacteriana da urina de vaca fotoactivada foi analisada juntamente com diferentes combinações de neem e aloé vera contra *Escherichia coli* e *Salmonella typhi* (Tabela 1, Fig. 1 e Fig. 3). A atividade antibacteriana máxima foi observada com *Salmonella typhi* (10,2, 9,7 e 8,8 mm de diâmetro, respetivamente) contra *Escherichia coli* (7,2, 6 e 5,2 mm de diâmetro, respetivamente) e o antibiótico padrão (ampicilina).

Atividade antifúngica: A atividade antifúngica da urina de vaca fotoactivada foi investigada contra *Aspergillus niger* e *Penicillium crysogenum*. Os resultados dos testes são mostrados na Tabela 1, Fig. 2 e Fig. 3. Ao comparar os dois organismos fúngicos, a supressão máxima do crescimento foi observada em *Aspergillus niger* (12,8, 11,7 e 11 mm de diâmetro) em comparação com *Penicillium crysogenum* (10,2, 8,8 e 6,3 mm de diâmetro).

S.NO.	Microorganisms	Sample	Zone of Inhibition of Aqueous Extract (dia. in mm)
1	*E. coli*	Antibiotic	8.1
		PCU+ Neem	7.2
		PCU+ Aloe Vera	6
		Cow Urine	5.2
2	*Salmonella typhi*	Antibiotic	11
		PCU+ Neem	10.2
		PCU+ Aloe Vera	9.7
		Cow Urine	8.8
3	*Aspergillus niger*	Antibiotic	14.5
		PCU+ Neem	12.8
		PCU+ Aloe Vera	11.7
		Cow Urine	11
4	*Penicilliumcrysogenum*	Antibiotic	11
		PCU+ Neem	10.2
		PCU+ Aloe Vera	8.8
		Cow Urine	6.3

Tabela: Ilustração dos diferentes microrganismos, amostras e alturas de inibição

(mm)

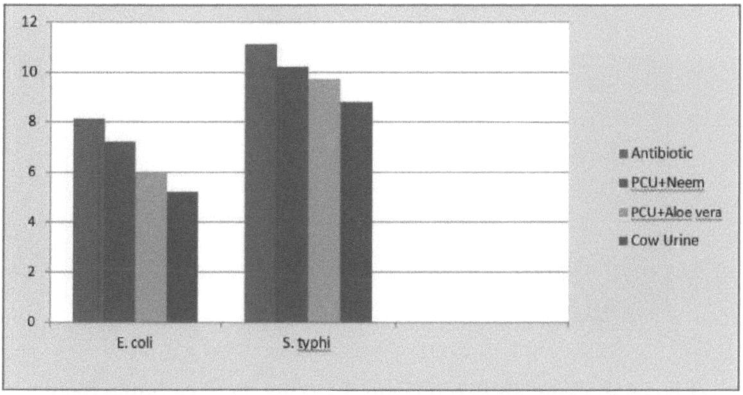

Fig.: Atividade antibacteriana da urina de vaca fotoactivada

Eixo X: Microrganismos
Eixo Y: Zona de fuga (diâmetro em mm)

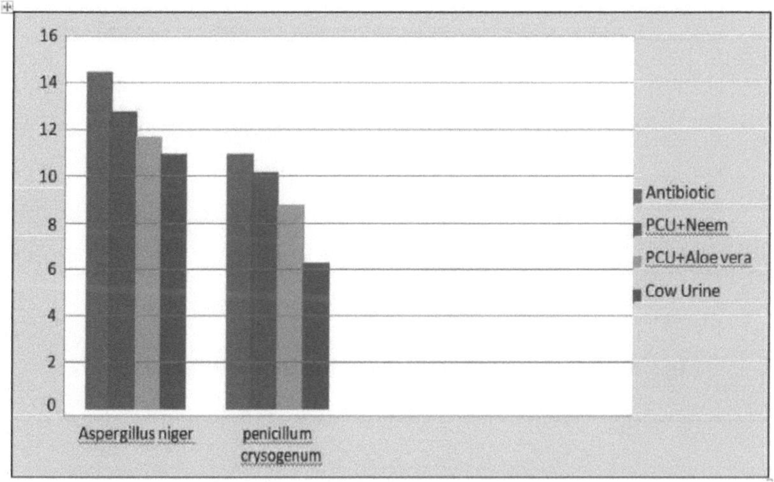

Fig.: Atividade antifúngica da urina de vaca fotoactivada

Eixo X: Microrganismos
Eixo Y: Zona de fuga (diâmetro em mm)

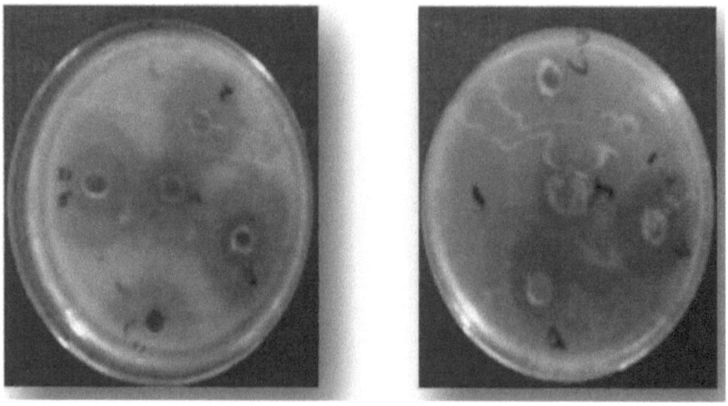

Fig.: Atividade antibacteriana da urina de vaca fotoactivada

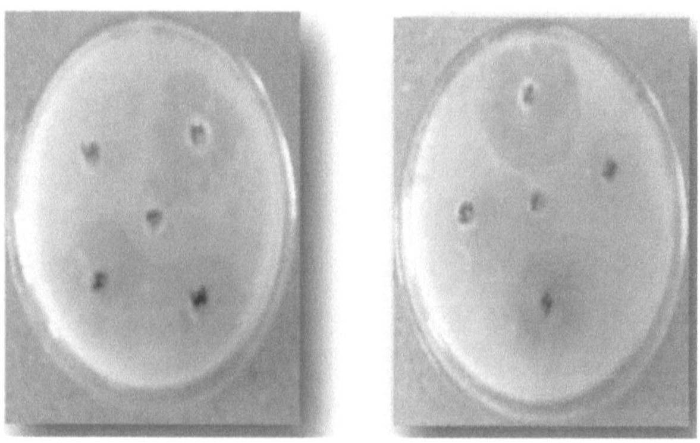

Fig.: Atividade antifúngica da urina de vaca fotoactivada

Conclusões e perspectivas futuras

Verificou-se que a urina de vaca fotoactivada tem um efeito inibidor antibacteriano e antifúngico e pode ser utilizada para combater bactérias e fungos de várias origens. O teste foi efectuado in vitro. Atualmente, a urinoterapia é utilizada em vários domínios da medicina. É o remédio natural mais eficaz e o método de tratamento mais seguro, sem quaisquer efeitos secundários. Pode prevenir, controlar e curar todos os tipos de doenças crónicas, como o cancro, a diabetes, a tensão arterial, o VIH/SIDA, a insuficiência renal, a artrite, a queda de cabelo, etc. Pode fortalecer o sistema imunitário, melhorar as perturbações nervosas, dissolver e eliminar as toxinas acumuladas no nosso corpo. Pode revitalizar os tecidos mortos e restaurar a resistência de órgãos vitais como o cérebro, o coração, os pulmões, o fígado, os intestinos, etc.

Nos últimos anos, foram realizadas muitas investigações no Centro de Tratamento e Investigação Kuhurin, em Indore, tendo sido relatado que a Gomutra é capaz de curar a tensão arterial, a obstrução das artérias, a artrite, a diabetes, o ataque cardíaco, o cancro, a tiroide, a asma, a psoríase, o eczema, a próstata, as convulsões, a SIDA, as hemorróidas, a enxaqueca, as úlceras, a hiperacidez, a obstipação, os problemas ginecológicos, os problemas de ouvidos e nariz e várias outras doenças. A utilização da urina de vaca na Índia remonta aos tempos védicos e provavelmente pré-védicos.

A urina de vaca é a urina animal mais frequentemente mencionada, utilizada e venerada devido aos seus imensos efeitos terapêuticos. Era usada externamente como loção, pomada e banho, mas também era usada internamente para a preparação de medicamentos orais e bebidas. Este artigo, portanto, tenta apresentar os muitos usos desta poção herética, tal como era comummente usada no antigo sistema de medicina indiano, como revelam os textos médicos antigos e o conhecimento científico atual.

Bibliografia

- Shah, E., 1997. composição à base de plantas em destilado de urina de vaca. US 5693327. 2 de dezembro.

- Basham, A. L., 1998. practices of medicine in ancient India in Asian Medical Systems: A Comparative Study. (ed.) de Charles Leslie, Motilal Banarsidass, Delhi, pp: 22.

- Sarman Singh, 2001. A urina de vaca tem atividade in vitro contra Leshmania donovani. International J. Cow Sci.,1(2): 72-73.

- Sadhale, N., 2004. Vishvallabba, Agri History Bulletin 5, Asian agriHistory Foundation, Secunderabad. 500009. pp: 134.

- Garg, N., Ashok Kumar e R.S.Chauhan, 2005.Effect of indigenous cow urine on nutrient utilisation of white leghorn layers. International J. Cow Sci., 1: 36-38.

- Khanuja, S.P.S., 2002. Composição farmacêutica que inclui destilado de urina de vaca e um antibiótico. Patente US 6410059. 25 de junho.

- Bauer, R.W., M.D.K. Kirby, J.C. Sherris, e M. Turck, 1966. Teste de suscetibilidade aos antibióticos pelo método de difusão de disco único padrão. American J. Clinical Pathol, 45: 493-496.

- Fontes: Organização da Indústria Biotecnológica, www.BIO.org Access Excellence, Genentech, Inc. Centre for Science Information Quick Reference Books

(Steven Witt) Biotech 90: Into the next decade,

- G. Steven Burrill da Ernst & Young High Technology Group Conselho Internacional de Informação Alimentar Rede Genoma News ISB News Report Serviço Internacional para a Aquisição de Aplicações Agro-Biotecnológicas
- http://shodhganga.inflibnet.ac.in/bitstream/10603/6929/5/05 chapter%20 1.pdf
- http://servecows.org/chemical-composition-of-distihed-cow-urine/
- https://link.springer.com/
- https://microbeonline.com/
- http://www.biologydiscussion.com/biotechnology
- http://www.biotechonweb.com/Applications-of-Biotech.html

Glossário

Adjuvante Material insolúvel que aumenta a formação e a persistência de anticorpos quando injetado juntamente com um imunogénio

Aeróbio Necessita de oxigénio para crescer.

Aminoácidos Blocos de construção das proteínas. Existem vinte aminoácidos comuns: alanina, arginina, asparagina, ácido aspártico, cisteína, ácido glutâmico, glutamina, glicina, histidina, isoleucina, leucina, lisina, metionina, fenilalanina, prolina, serina, treonina, triptofano, tirosina e valina.

Antibiótico Substância **química** que é produzida como subproduto metabólico em bactérias ou fungos e é utilizada para tratar infecções bacterianas. Os antibióticos podem ser produzidos naturalmente, com a ajuda de microorganismos, ou sinteticamente.

Anticorpo Proteína produzida pelo sistema imunitário em resposta a um antigénio (uma molécula que é considerada estranha). Os anticorpos ligam-se especificamente ao seu antigénio alvo para ajudar o sistema imunitário a destruir o corpo estranho.

Antigénio Substância à qual um anticorpo se liga especificamente.

Biotecnologia Desenvolvimento de produtos através de um processo biológico. A produção pode ser efectuada utilizando organismos intactos, como leveduras e bactérias, ou utilizando substâncias naturais (por exemplo, enzimas) de organismos.

Bacillus subtilis Bactéria frequentemente utilizada como hospedeira em experiências de ADN recombinante. Importante devido à sua capacidade de segregar proteínas.

Bactericida Agente que mata as bactérias. Também designado por biocida ou germicida.

Vírus **bacteriófago** que se multiplica nas bactérias e as mata. Também chamado fago.

Bactéria Um grande grupo de organismos unicelulares microscopicamente pequenos, com uma estrutura celular muito simples. Alguns produzem o seu próprio alimento apenas a partir de precursores inorgânicos, outros vivem como parasitas noutros organismos, outros ainda alimentam-se de matéria em decomposição.

Base Uma das quatro unidades químicas da molécula de ADN, que representam os diferentes aminoácidos consoante a sua sequência. As quatro bases são: Adenina (A), citosina (C), guanina (G) e timina (T). No ARN, o uracilo (U) substitui a timina.

Par de bases Duas bases nucleotídicas ligadas entre si em diferentes filamentos de uma molécula de ácido nucleico. Os pares de bases geralmente só ocorrem em duas combinações: Adenina com timina (ADN) ou uracilo (ARN) e guanina com citosina.

Bacillus thuringiensis (Bt) Microrganismo natural que produz uma proteína toxina que mata apenas organismos com estômagos produtores de alcalinos, como as larvas de insectos. Como parte do organismo morto, esta proteína toxina tem sido utilizada para controlo biológico há décadas. A informação genética que codifica a proteína da toxina foi identificada e introduzida nas plantas para as tornar tolerantes aos insectos.

Célula A mais pequena unidade estrutural dos organismos vivos que é capaz de crescer e reproduzir-se independentemente.

Ciclo celular O termo para a série de passos estritamente regulados que uma célula sofre entre a sua formação e a sua divisão para formar duas células filhas.

Cultura Como substantivo: cultivo de um organismo vivo num meio preparado; como verbo: crescer num meio preparado

Meio de cultura Qualquer sistema de nutrientes para a cultura artificial de bactérias ou outras células; geralmente uma mistura complexa de substâncias orgânicas e inorgânicas.

Cultura de células Crescimento de um conjunto de células, normalmente de um só genótipo, em condições laboratoriais.

Ácido desoxirribonucleico (ADN) A molécula que transporta a informação genética da maioria dos sistemas vivos. A molécula de ADN é constituída por quatro bases (adenina, citosina, guanina e timina) e uma espinha dorsal de açúcar-fosfato, que estão dispostas em duas cadeias ligadas e formam uma dupla hélice.

Dupla hélice Termo frequentemente utilizado para descrever a configuração da molécula de ADN. A hélice é constituída por duas cadeias helicoidais de nucleótidos (um açúcar, um fosfato e uma base) que são reticuladas por um emparelhamento de bases específico. Ver também ácido desoxirribonucleico; base; par de bases.

Eletroforese Técnica de separação de diferentes tipos de moléculas num gel (ou líquido), um meio condutor de iões, com base no seu movimento diferencial num campo elétrico aplicado.

Enzima Catalisador proteico que permite determinadas reacções químicas ou metabólicas necessárias ao crescimento e à reprodução das células.

Escherichia coli (E. coli) Bactéria que habita o trato digestivo da maioria dos vertebrados. Grande parte do trabalho com técnicas de ADN recombinante foi efectuado com este organismo, uma vez que está geneticamente muito bem caracterizado.

Eletroforese em gel Técnica analítica em que as biomoléculas de grandes dimensões (proteínas, ADN) são normalmente separadas pela aplicação de um campo elétrico através de um gel. A separação pode depender, por exemplo, da carga e do tamanho das moléculas. As biomoléculas separadas podem ser visualizadas como bandas separadas em diferentes posições no gel.

Gene Segmento cromossómico que codifica a informação reguladora e de sequência necessária para controlar a síntese de uma proteína ou de um produto de ARN.

Transferência de **genes** A transferência de genes para um organismo. Normalmente utilizado em ligação com a transferência de um gene para um organismo que não o organismo original, utilizando a biotecnologia.

Engenharia genética Tecnologia que permite modificar o material genético das células vivas para que estas possam produzir novas substâncias ou desempenhar novas funções.

Marcador Qualquer elemento genético (locus, alelo, sequência de ADN ou caraterística cromossómica) que pode ser facilmente detectado por técnicas fenotípicas, citológicas ou moleculares e que é utilizado para rastrear um cromossoma ou segmento cromossómico na análise genética. Ver marcador de centrómero; marcador cromossómico; marcador de ADN; marcador genético; marcador interno; marcador externo.

Espectrometria de massa Técnica analítica em que os compostos são ionizados num compartimento de vácuo, eventualmente fragmentados, acelerados e detectados com base no comportamento dependente da massa dos compostos ionizados ou dos seus fragmentos em resposta à aplicação de um campo magnético ou elétrico no vácuo.

Microbiologia Estudo dos organismos vivos e dos vírus que só podem ser vistos ao microscópio.

Biologia molecular O estudo dos processos biológicos a nível molecular.

Mutante Uma célula que apresenta novas características devido a uma alteração no seu ADN

Nanociência Estudo dos fenómenos e da manipulação de materiais a nível atómico, molecular e macromolecular cujas propriedades diferem significativamente das de uma escala maior.

Nanotecnologia O fabrico e a aplicação de estruturas, dispositivos e sistemas através do controlo da forma e da dimensão na gama dos nanómetros.

Plasmídeo Moléculas circulares de ADN extracromossómico que ocorrem em bactérias e leveduras. Os plasmídeos replicam-se independentemente cada vez que uma bactéria se divide e são transferidos para as células filhas. Os segmentos de ADN são normalmente clonados com a ajuda de vectores de plasmídeos.

Cultura pura Cultura in vitro de apenas um tipo de microrganismo.

Enzima de restrição Uma enzima que reconhece uma sequência específica, normalmente simétrica, de nucleótidos de ADN e corta o ADN dentro ou perto da sequência reconhecida. Isto pode criar uma lacuna na qual podem ser inseridos novos genes.

Rhizobium Classe de microrganismos que convertem o azoto atmosférico numa forma que as plantas podem utilizar para o seu crescimento. As espécies destes microrganismos crescem em simbiose nas raízes de certas leguminosas, como a ervilha, o feijão e a luzerna.

Índice

MIX
Papier aus verantwortungsvollen Quellen
Paper from responsible sources
FSC® C105338

Printed by Books on Demand GmbH, Norderstedt / Germany